河南省南水北调配套工程技术标准

河南省南水北调配套工程维修养护预算定额(试行)

主编单位:河南省南水北调中线工程建设管理局
　　　　　河南省水利科学研究院
批准单位:河南省水利厅
施行日期:2021 年 5 月 1 日

黄河水利出版社
·郑州·

图书在版编目(CIP)数据

河南省南水北调配套工程维修养护预算定额:试行/河南省南水北调中线工程建设管理局,河南省水利科学研究院主编. —郑州:黄河水利出版社,2021.8
ISBN 978-7-5509-3067-4

Ⅰ.①河⋯　Ⅱ.①河⋯ ②河⋯　Ⅲ.①南水北调-水利工程-维修-预算定额-河南　Ⅳ.①TV68

中国版本图书馆 CIP 数据核字(2021)第 162607 号

出　版　社:黄河水利出版社　　　　　　　　　　　　　　网址:www.yrcp.com
　　　　　地址:河南省郑州市顺河路黄委会综合楼 14 层　　邮政编码:450003
发行单位:黄河水利出版社
　　　　　发行部电话:0371-66026940、66020550、66028024、66022620(传真)
　　　　　E-mail:hhslcbs@ 126. com
承印单位:河南瑞之光印刷股份有限公司
开本:787 mm×1 092 mm　1/16
印张:2
字数:46 千字
版次:2021 年 8 月第 1 版　　　　　　　　　　印次:2021 年 8 月第 1 次印刷
定价:29.00 元

河南省水利厅文件

豫水调〔2021〕3号

河南省水利厅关于印发
《河南省南水北调配套工程维修养护
预算定额（试行）》的通知

各有关省辖市、省直管县（市）水利局、南水北调办公室（工程运行保障中心）、厅属有关单位：

为进一步加强我省南水北调配套工程维修养护费用管理，提高资金使用效率，结合工程实际，我厅组织编制了《河南省南水北调配套工程维修养护预算定额（试行）》（以下简称《定额》），并经厅长办公会议研究通过，现印发给你们。

本《定额》自2021年5月1日起施行。在执行过程中如有问题,及时函告省水利厅南水北调工程管理处。

2021 年 4 月 27 日

河南省水利厅办公室   2021 年 4 月 27 日印发

前　言

2014 年 12 月 12 日,南水北调中线工程正式通水,河南省南水北调配套工程同步通水。2016 年,河南省 39 条输水线路全部具备通水条件,实现了 11 个省辖市和 2 个直管县(市)供水目标全覆盖。为提高配套工程运行管理标准化水平,进一步加强工程维修养护经费预算管理,编制了本技术标准。

本标准参照《标准化工作导则　第 1 部分:标准化文件的结构和起草规则》(GB/T 1.1—2020)的规定起草。

本标准批准单位:河南省水利厅

本标准编写单位:河南省南水北调中线工程建设管理局、河南省水利科学研究院

本标准协编单位:河南科光工程建设监理有限公司、河南省水利第二工程局

本标准主编:王国栋

本标准副主编:雷淮平、余洋、雷存伟、秦鸿飞、邹根中、张国峰、李申亭、徐秋达、李秀灵

本标准执行主编:余洋、秦鸿飞、邹根中、徐秋达、李秀灵

本标准主要编写人员:杨秋贵、徐秋达、杜新亮、刘晓英、苏建伟、魏玉春、徐维浩、崔洪涛、秦水朝、李伟亭、王鹏、高文君、庄春意、李光阳、齐浩、李春阳、马树军、周延卫、雷应国、蔡舒平、刘豪祎、王源、王娟、艾东凤、王雪萍、李国兴、赵长伟、李陆明、邱红雷、何向东、张金鹏、赵玉宏、宋楠、宋清武、程超、朱登苛、魏嘉仪、赵梦霞、陈芳

目　录

1 范 围

本标准适用于河南省南水北调配套工程,是编制河南省南水北调配套工程日常维修养护年度预算的主要依据,河南省其他类似工程日常维修养护年度预算编制可参照执行。

2 引用文件

下列文件中的内容通过文中的规范性引用而构成本标准必不可少的条款。其中,注日期的引用文件,仅该日期对应的版本适用于本标准;不注日期的引用文件,其最新版本(包括所有的修改单)适用于本标准。

1 《河南省南水北调配套工程供用水和设施保护管理办法》(河南省人民政府令第 176 号);

2 《水利工程管理单位定岗标准(试点)》(水办〔2004〕307 号);

3 《水利工程维修养护定额标准(试点)》(水办〔2004〕307 号);

4 《北京市南水北调配套工程维修养护与运行管理预算定额》(2015 年 9 月);

5 《河南省水利水电工程设计概(估)算编制规定》(2017 年);

6 《南水北调中线干线工程维修养护定额标准》(2014 年);

7 《水利信息系统运行维护定额标准(试行)》(2009 年);

8 《泵站技术管理规程》(GB/T 30948—2014);

9 《城镇供水管网运行、维护及安全技术规程》(CJJ 207—2013);

10 《城镇供水水量计量仪表的配备和管理通则》(CJ/T 454—2014);

11 《河南省南水北调受水区供水配套工程泵站管理规程》(豫调办建〔2018〕19 号);

12 《河南省南水北调受水区供水配套工程重力流输水线路管理规程》(豫调办建〔2018〕19 号);

13 河南省南水北调受水区供水配套工程设计文件;

14 其他国家、行业、河南省涉及南水北调配套工程相关法规、政策等。

3 术语和定义

下列术语和定义适用于本标准。

3.0.1 日常维修养护

日常维修养护是指为保持工程设计功能、满足工程完整和安全运行,需进行经常性、持续性的维修养护,包括日常维修(含年度岁修项目)和日常养护两部分内容。其中,日常维修是对已建工程运行、检查中发现工程或设备遭受局部损坏,可以通过简单的维修、较小的工作量,无须通过大修便可恢复工程或设备功能和运行,包括为保证设备的正常运转及维修养护设备的原有功能而进行的检修、配件更换等,不包括设施主体结构的修复、更新和设备大修;日常养护是对已建工程进行周期性、预防性、经常性保养和防护,及时处理局部、表面、轻微的缺陷,对设备进行清洁、润滑、调整、紧固、防腐等,以保持工程完好、设备完整清洁、操作灵活。

3.0.2 专项维修养护

是指日常维修养护以外,维修养护工程量较大、技术要求较高,需进行集中、专门性维修养护,包括设备大修、设施主体结构的修复及更新改造。

3.0.3 应急抢险

是指对突然发生危及工程安全的各种险情,需进行紧急抢修、处置的管理工作。

3.0.4 拦污栅

设在进水口前,用于拦阻水流挟带的水草、漂木等杂物(一般称污物)的框栅式结构。本标准拦污栅仅指重力流输水线路首端进水池拦污栅,泵站前池拦污栅已包含在泵站工程部分。

3.0.5 阀 井

阀门井的简称,是地下管线的阀门为了在需要进行开启和关闭部分管网操作或者检修作业时方便,设置的地下构筑物。在内部安装布置阀门,便于巡视检查、更换、维修养护和疏通管道。

3.0.6 调节塔

用于储水和配水的高耸结构,用来保持和调节给水管网中的水量和水压。

3.0.7 管理设施

是指用于生产和办公的房屋及场区道路、围墙、护栏等的统称。

3.0.8 水面保洁

是指泵站前池、调节池(湖)、重力流输水线路进水池水面的保护和清洁。

3.0.9 自动化系统

是指河南省南水北调配套工程自动化调度与运行管理决策支持系统,主要包括通信系统、信息采集系统、安全监测系统、水量调度系统、闸阀监控系统、供电设备及电源系统、计算机网络系统、异地视频会议系统、视频安防监控系统、综合办公系统、数据存储与应用支撑平台等。

3.0.10　工作(工程)量

　　是指按照相关行业规范标准、河南省南水北调配套工程有关管理规程和维修养护技术标准等要求实施的年度维修养护工作(工程)量。

3.0.11　维修养护等级

　　根据配套工程的特点、工程规模设置的等级,每一个等级设置一个基准定额值,以便采用内插(外延)法计算不同规模项目的维修养护费用。

3.0.12　基本维修养护

　　为保持工程正常运行,进行的必要的基础性维修养护工作。

3.0.13　调整维修养护

　　结合配套工程的实际,对于不普遍发生或维修养护周期较长的项目,在基本维修养护项目基础上增设的维修养护工作。

4 总 则

4.0.1 本标准依据行业规范标准、相关定额、目前河南省有关规定和实际维修养护资料,结合河南省南水北调配套工程特点,按照社会先进水平、简明适用原则进行编制。

4.0.2 本标准包括拦污栅工程、泵站工程、PCCP(预应力钢筒混凝土管)管道工程、阀井工程、暗涵(倒虹吸)工程、调节塔工程、管理设施、绿地、水面保洁等九部分内容。

4.0.3 本标准按照"管养分离"的原则制定。

4.0.4 本标准维修养护费用包含直接费(人工费、材料费、机械使用费及其他费用)、间接费、利润及税金。

4.0.5 本标准中"工作内容",仅说明了维修养护工作的主要过程及工序,维修养护次要工序和必要的辅助工作所需的人工、材料、机械设备、临时设施等费用已包括在预算定额中。

4.0.6 本标准按照正常的维修养护条件、合理的维修养护工作组织和工艺编制,并综合考虑了维修养护工作作业面分散等因素。

4.0.7 本标准除泵站工程外,其他工程的机电设备包括变配电设备、电动机、柴油发电机组、控制保护设备、启闭设备、通风机、避雷接地设备、移动水泵、安全监测设备等。维修养护费用按其设备资产的5%计算;自动化系统维修养护费用按其设备资产的10%计提作为预算控制指标;备品备件按其设备资产的1.5%计提作为预算控制指标。

4.0.8 本标准由基本维修养护项目预算定额、调整维修养护项目预算定额和预算定额调整系数组成。

4.0.9 本标准中列有维修养护等级的,若实际选用的标准介于两级别之间或之外,可采用插值法进行调整。

4.0.10 本标准中个别项目的工作(工程)量和费用标准,根据河南省近几年经济发展水平,结合工程实际综合分析后直接引用了2015年发布的《北京市南水北调配套工程维修养护与运行管理预算定额》相应子目。

4.0.11 本标准中未含专项维修养护费,专项维修养护项目存在不确定性,预算费用可按上一年度实际支出的110%计提,或结合项目实际,按照相关定额、合同约定或行业收费标准计算编制。

4.0.12 本标准中未含勘测设计费、招标代理费、设备和仪器仪表等试验检测鉴定费、变压器及外部供电线路代维费、垃圾消纳费等,若发生按专项维修养护考虑。

4.0.13 本标准中未含输水管道实体缺陷监测与修复、渗水点检测与修复等相关费用;不含维修养护前管道排空协调费,若发生按专项维修养护考虑。

4.0.14 本标准中未含突发应急事件抢修、技术服务等非经常性费用。突发应急事件抢修费预算按上一年度实际支出的110%计提,技术服务等其他非经常性费用结合工程管理实际需要,按合同约定或相关收费标准编制预算。

4.0.15 本标准编制价格水平年为 2019 年。市场价格发生重大变化时，可按照批准的价格调整办法,对本标准进行适当调整。

5　维修养护等级

本标准泵站工程、PCCP 管道工程、阀井建筑物工程、闸阀设备、绿地等,按照工程规模和实际维修养护特点划分维修养护等级。

5.1　泵站工程

泵站工程维修养护等级划分为 4 级,具体划分标准见表 5.1。

表 5.1　泵站工程维修养护等级划分

级别	一	二	三	四
总装机容量 $P(\text{kW})$	$5\,000 \leqslant P < 10\,000$	$1\,000 \leqslant P < 5\,000$	$100 \leqslant P < 1\,000$	$P < 100$

5.2　PCCP 管道工程

PCCP 管道工程维修养护等级划分为 3 级,具体划分标准见表 5.2。

表 5.2　PCCP 管道工程维修养护等级划分

级别	一	二	三
管径 $D(\text{m})$	$3 \leqslant D < 4$	$2 \leqslant D < 3$	$0.5 \leqslant D < 2$

5.3　阀井建筑物工程

阀井建筑物工程维修养护等级划分为 5 级,具体划分标准见表 5.3。

表 5.3　阀井建筑物工程维修养护等级划分

级别	一	二	三	四	五
井内周长 $C(\text{m})$	$40 \leqslant C < 50$	$30 \leqslant C < 40$	$20 \leqslant C < 30$	$10 \leqslant C < 20$	$C < 10$

注:每 10 m 一个等级。

5.4　闸阀设备

闸阀设备维修养护等级划分为 5 级,具体划分标准见表 5.4。

表 5.4　闸阀设备维修养护等级划分

级别	一	二	三	四	五
闸阀直径 $D(m)$	$2.0 \leqslant D < 2.5$	$1.5 \leqslant D < 2.0$	$1.0 \leqslant D < 1.5$	$0.5 \leqslant D < 1.0$	$D < 0.5$

注:每 0.5 m 一个等级。

5.5　绿　地

绿地维修养护等级划分为 2 级,泵站绿地为一级,现地管理房绿地为二级。

6　维修养护预算定额

6.1　拦污栅工程

拦污栅工程基本维修养护项目预算定额见表6.1。

表6.1　拦污栅工程基本维修养护项目预算定额　　　单位:元/(扇·年)

项目名称		定额	
		手动葫芦启闭	电动葫芦启闭
合计		4 262.16	3 047.34
(一)拦污设施	拦污栅清理	1 993.62	771.69
	拦污栅防腐处理	2 197.47	2 197.47
(二)启闭设备	电动(手动)葫芦防腐	71.07	78.18
编号		1-1	1-2

工作内容:污物清理、污物运往指定地点、清理现场,拦污栅除锈、刷漆,电动(手动)葫芦的除锈、刷漆、保养,导链(钢丝绳)的保养等。

注:进水池土建部分维修养护费用参照阀井建筑物编制。

6.2　泵站工程

泵站工程基本维修养护项目预算定额见表6.2,调整维修养护项目预算定额见表6.3,预算定额调整系数见表6.4。

表6.2　泵站工程基本维修养护项目预算定额　　　单位:元/(座·年)

项目名称	级别			
	一	二	三	四
	定额			
合计	535 006	234 553	88 291	46 261
一　机电设备维修养护	391 710	163 585	48 365	18 158
主机组维修养护	229 447	91 779	22 119	5 943
输变电系统维修养护	28 392	17 828	8 584	4 127
操作设备维修养护	54 143	21 624	9 244	5 612
配电设备维修养护	76 592	30 538	7 263	1 981
避雷、接地设施维修养护	3 136	1 816	1 155	495

续表 6.2

项目名称	级别			
	一	二	三	四
二 辅助设备维修养护	120 354	57 415	33 280	24 626
油气水系统维修养护	86 313	35 654	14 856	8 616
拍门拦污栅维修养护	11 736	4 754	3 268	2 228
起重设备维修养护	7 725	3 120	1 931	1 188
消防系统维修养护	258	247	235	223
排风通道的维修养护	345	328	312	297
走道板、栏杆的养护	13 977	13 312	12 678	12 074
三 泵站建筑物维修养护(不含泵房)	8 366	5 590	2 838	1 734
前池维修养护	8 366	5 590	2 838	1 734
四 物料动力消耗	14 576	7 963	3 808	1 743
电力消耗	9 450	4 877	3 048	1 524
汽油消耗	1 587	879	171	49
机油消耗	1 460	876	256	73
黄油消耗	2 079	1 331	333	97
编号	2-1	2-2	2-3	2-4

工作内容:机电设备维修养护、辅助设备维修养护、泵站建筑物维修养护(不含泵房)、物料动力消耗等。

表 6.3 泵站工程调整维修养护项目预算定额

序号	调整对象	定额	备注
1	前池清淤	238.84 元/m³	按实际清淤量计量,单价不含淤积物外运

注:若发生淤积物外运,执行相关行业定额。

表 6.4 泵站工程预算定额调整系数

序号	影响因素	基准	调整对象	调整系数
1	水泵工况	维修养护 1.5 次/年	主机组检修	根据《泵站技术管理规程》,主机组运行 1 000~2 000 h 应小修 1 次或 1~2 年小修 1 次,调整系数 = 实际次数/1.5
2	装机容量	一~四级泵站计算基准装机容量分别为 7 500 kW、3 000 kW、550 kW 和 100 kW	基本项目	按直线内插法计算,超过范围按直线外延法计算

6.3 PCCP 管道工程

PCCP 管道工程基本维修养护项目预算定额见表 6.5,调整维修养护项目预算定额见表 6.6,预算定额调整系数见表 6.7。

表 6.5 PCCP 管道工程基本维修养护项目预算定额 单位:元/(100 m·年)

项目名称	级别		
	一	二	三
	定额		
合计	2 044	1 383	510
混凝土破损修补	507	338	85
裂缝表面封闭处理	624	416	104
管接缝缺陷处理	429	286	71
管道通风	196	196	196
管道排空	288	147	54
编号	3-1	3-2	3-3

工作内容:管道修补、裂缝处理、接头缺陷处理、清淤、排空、通风等。

注:1.防腐钢管(TPEP)、球墨铸铁管(DIP)、玻璃钢夹砂管(FRPM)取本预算定额的 0.7 倍系数。

2. 预应力钢筋混凝土管(PCP)参照 PCCP 管道工程标准执行。

3. 渠道输水工程执行水利行业定额。

表 6.6 PCCP 管道工程调整维修养护项目预算定额

序号	调整对象	定额	备注
1	养护土(石)方（每穿越一处交叉建筑物）	544.33 元/(处·年)	
2	管道清淤	251.51 元/m³	按实际清淤量计量,含垂直运输、堆放
3	界桩清理、刷漆、喷字	14.22 元/(m²·年)	

注:若发生淤积物外运,执行相关行业定额。

表 6.7 PCCP 管道工程维修养护项目预算定额调整系数

序号	影响因素	基准	调整对象	调整系数
1	管径	一~三级 PCCP 管道计算基准管径分别为 3.5 m、2.5 m 和 1.25 m	混凝土破损、裂缝处理、管接缝缺陷处理、管道排空	按直线内插法计算,超过范围按直线外延法计算
2	管道长度	100 m	混凝土破损、裂缝处理、管接缝缺陷处理、管道通风、管道排空	调整系数=管道实际长度/100

6.4 阀井工程

6.4.1 阀井建筑物

阀井建筑物基本维修养护项目预算定额见表6.8,调整维修养护项目预算定额见表6.9,预算定额调整系数见表6.10。

表6.8 阀井建筑物基本维修养护项目预算定额　　　单位:元/(座·年)

项目名称	级别				
	一	二	三	四	五
	定额				
阀井建筑物维修养护	2 046	1 975	1 906	1 835	1 765
编号	4-1	4-2	4-3	4-4	4-5

工作内容:爬梯除锈防腐,混凝土破损修补,混凝土裂缝表面封闭处理,土方养护,界桩、标示、井盖、标牌清扫和刷漆,阀井周围除草、内外杂物清理等。

表6.9 阀井建筑物调整维修养护项目预算定额　　　单位:元/(座·年)

序号	调整项目	定额
1	阀井抽水	69.53

注:黄河以南阀井抽水费用乘1.5倍系数。

表6.10 阀井建筑物维修养护项目预算定额调整系数

序号	影响因素	基准	调整系数
1	井深	4.87 m	井深每增减1 m,一~五级阀井每座每年分别增减90元、78元、63元、51元、37元

6.4.2 阀井闸阀设备

阀井闸阀(含阀井内外露钢管等)设备基本维修养护项目预算定额见表6.11,调整维修养护项目预算定额见表6.12。

表6.11 阀井闸阀设备基本维修养护项目预算定额　　　单位:元/(座·年)

项目名称	级别				
	一	二	三	四	五
	定额				
阀件设备维修养护	3 186	2 393	1 799	1 399	1 279
编号	4-6	4-7	4-8	4-9	4-10

工作内容:阀件设备及阀井内外露钢管、其他金属设施的除锈、刷漆,日常维修养护,排气管的除锈、刷漆等。

表 6.12　阀井闸阀设备调整维修养护项目预算定额　　　单位:元/个

序号	调整项目	定额
1	排气阀胶圈更换	392.54

6.5　暗涵(倒虹吸)工程

6.5.1　不过水暗涵(倒虹吸)

不过水暗涵(倒虹吸)工程基本维修养护项目预算定额见表 6.13,调整维修养护项目预算定额见表 6.14,预算定额调整系数见表 6.15。

表 6.13　不过水暗涵(倒虹吸)工程基本维修养护项目预算定额　　　单位:元/(座·年)

项目名称	定额
合计	1 993
混凝土破损修补	354
裂缝处理	391
管接缝缺陷处理	227
杂物清理,钢结构除锈、刷漆	825
通风	196
编号	5-1

工作内容:暗涵(倒虹吸)混凝土破损修补,混凝土裂缝表面封闭处理,杂物清理、钢结构除锈刷漆、通风等。

表 6.14　不过水暗涵(倒虹吸)工程调整维修养护项目预算定额　　　单位:元/(处·年)

序号	调整对象	定额
1	养护土(石)方	每穿越一条河 544.33

注:不穿越河道不计。

表 6.15　不过水暗涵(倒虹吸)工程维修养护项目预算定额调整系数

序号	影响因素	基准	调整对象	调整系数
1	暗涵(倒虹吸)长度	50 m	混凝土破损修补,裂缝处理,管接缝缺陷处理,杂物清理,钢结构除锈、刷漆,通风	调整系数 = 暗涵(倒虹吸)实际长度/50

6.5.2　过水暗涵(倒虹吸)

过水暗涵(倒虹吸)工程基本维修养护项目预算定额见表 6.16,调整维修养护项目预算定额见表 6.17,预算定额调整系数见表 6.18。

表 6.16　过水暗涵(倒虹吸)工程基本维修养护项目预算定额

单位:元/(座·年)

项目名称	定额
合计	402
混凝土破损修补	117
裂缝处理	130
管接缝缺陷处理	71
通风	66
排空	18
编号	5-2

工作内容:暗涵(倒虹吸)混凝土破损修补,混凝土裂缝表面封闭处理,管道排空、通风等。

表 6.17　过水暗涵(倒虹吸)工程调整维修养护项目预算定额调整　　单位:元/(处·年)

序号	调整对象	定额
1	养护土(石)方	每穿越一条河 544.33
2	清淤	251.51 元/m³,按实际清淤量计量,含垂直运输、堆放

注:若发生淤积物外运,执行相关行业定额。

表 6.18　过水暗涵(倒虹吸)工程维修养护项目预算定额调整系数

序号	影响因素	基准	调整对象	调整系数
1	过水暗涵(倒虹吸)长度	50 m	混凝土破损修补、裂缝处理、暗涵(倒虹吸)排空、暗涵(倒虹吸)通风	调整系数=暗涵(倒虹吸)实际长度/50

6.6　调节塔工程

调节塔工程基本维修养护项目预算定额见表 6.19。

表 6.19　调节塔工程基本维修养护项目预算定额　　单位:元/(座·年)

项目名称	定额
调节塔维修养护	1 450
编号	6-1

工作内容:混凝土破损修补,混凝土裂缝表面封闭处理,杂物清理,钢结构除锈、刷漆,上下水管、栏杆、爬梯防腐等。

6.7　管理设施

管理设施基本维修养护项目预算定额见表 6.20。

表 6.20　管理设施基本维修养护项目预算定额　　单位:元/(m²·年)

	项目名称	定额	备注
一	房屋维修养护		
1	管理房	20.05	
2	调流调压阀室、泵房(生产厂房)	24.83	地面以上用房
二	管理区场地维修养护		
1	透水砖铺装	4.49	
2	水泥混凝土	7.09	基准厚度 22 cm,厚度每增减 1 cm,定额增减 0.31 元/(m²·年)
三	围墙维修养护	19.51	
四	护栏、护网维修养护	7.89	
	编号	7-1	

工作内容:保洁、整理、修缮损坏的墙、地、门、窗,及时检修、更换水电路和照明设施。

注:1. 房屋按建筑面积计算,管理区场地按实有硬化场地面积计算,围墙、护栏、护网按实有面积计算。

2. 管理设施已纳入物业管理,该部分费用不再重复计取。

6.8　绿　地

绿地基本维修养护项目预算定额见表 6.21。

表 6.21　绿地基本维修养护项目预算定额　　单位:元/(100 m²·年)

项目名称	定额	
	一级绿地	二级绿地
绿地	648	432
编号	8-1	8-2

工作内容:浇水、除虫、修剪、锄草、施肥、清理等。

6.9　水面保洁

泵站前池水面保洁基本维修养护项目预算定额见表 6.22。

表 6.22　泵站前池水面保洁基本维修养护项目预算定额

单位:元/(100 m² · 年)

项目名称	定额
水面保洁	244.35
编号	9-1

工作内容:人工清除、打捞漂浮物,运至岸上集中堆放、处理。

注:调节池、重力流输水线路进水池参照使用。

附录 A　维修养护费用计算表

维修养护费用汇总表见表 A.1。

表 A.1　维修养护费用汇总表

项目分类	项目名称	维修养护费(万元)	备注
第一部分			
第二部分			
第三部分			
第四部分			
第五部分			
第六部分			
第七部分			
第八部分			
第九部分			
××××			
××××			
××××			
××××			
××××			
××××			
××××			
××××			
××××			
××××			
××××			
××××			
××××			
××××			
合计			

维修养护费用清单表见表 A.2。

表 A.2   维修养护费用清单表

序号	项目或费用名称	单位	数量	单价(元)	合价(元)	备注

河南省南水北调配套工程技术标准

河南省南水北调配套工程维修养护预算定额(试行)

条 文 说 明

目　录

4 总 则

4.0.4 人工费参考《河南省水利水电工程设计概(估)算编制规定》(2017年),结合国家统计局公布的2016~2019年国内生产总值的增长率编制。

材料费参考河南省建筑工程标准定额站发布的2019年4季度河南省工程造价信息编制。

机械使用费参考《河南省水利水电工程设计概(估)算编制规定》(2017年)编制。

费率参考《河南省水利水电工程设计概(估)算编制规定》(2017年)及《河南省水利厅关于调整水利工程施工现场扬尘污染防治费的通知(试行)》(豫水建〔2017〕8号)编制,间接费为引水工程部分费率。

利润按直接费和间接费之和的7%计取。

税金适用增值税税率9%,国家对税率标准调整时,可以相应调整计算基准。

4.0.7 河南省南水北调受水区供水配套工程自动化调度与运行管理决策支持系统(简称自动化系统)是确保配套工程安全、优质、经济运行的基础设施。自动化系统包括通信系统、信息采集系统、安全监测系统、水量调度系统、闸阀监控系统、供电设备及电源系统、计算机网络系统、异地视频会议系统、视频安防监控系统、综合办公系统、数据存储与应用支撑平台等。自动化系统的日常维修养护工作主要包括软硬件的维护和故障处理工作,主要工作内容如下:

(1)硬件维护。主要包括对设备设施的运行环境、运行状态、设备连接、线缆布置等巡检,并定期进行专业养护和风险排查工作。

(2)软件维护。主要包括软件的定期巡检、网络安全、存储数据的整理、系统升级、软件更新及操作系统的咨询及培训工作。

(3)故障处理。对通信线路、系统硬件、软件发生的各类故障进行及时响应和修复。

经对河南省境内水利系统自动化维护工程市场调查,黄河小浪底水利枢纽工程自动化系统维护费用约占设备资产的10%,南水北调中线干线工程自动化系统维护费占设备资产的10%~15%。因配套工程水利信息自动化工程维护工作内容与维护条件与上述工程类似,综合考量,本标准自动化系统维修养护费用按其设备资产的10%计提作为预算控制指标,具体实施应按有关定额、标准另行编制专项方案及费用预算。

6 维修养护预算定额

6.1 拦污栅工程

本节拦污栅不包括泵站前池拦污栅,泵站前池拦污栅已包含在泵站工程部分。

拦污栅工程数量少、差别不大,为便于使用本标准不再划分等级。

拦污栅工程维修养护工作(工程)量,依据编制单位现场跟踪调研实测数据,并综合全省配套工程实际维修养护情况拟定。

6.2 泵站工程

本节泵站建筑物维修养护不含泵房,泵房的维修养护参照本标准6.7条管理设施计算。

泵站工程日常维修养护主要包含机电设备维修养护、辅助设备维修养护、泵站建筑物维修养护(不含泵房)、物料动力消耗等四部分工作内容。

机电设备维修养护,主要包含主机组维修养护,输变电系统维修养护,操作设备维修养护,配电设备维修养护,避雷、接地设施维修养护等。

辅助设备维修养护,主要包含油气水系统维修养护,拍门拦污栅维修养护,起重设备维修养护,消防系统维修养护,排风通道的维修养护,走道板、栏杆的养护等。

泵站建筑物维修养护(不含泵房),包含前池维修养护等。

物料动力消耗,主要包含泵站维修养护消耗的电力、汽油、机油、黄油等。

泵站工程维修养护工作(工程)量,参考水利部《水利工程维修养护定额标准(试点)》(水办〔2004〕307号),以各级别泵站工程装机容量为计算基准,并结合配套工程的实际情况编制,如新增栏杆、走道板、排风通道的养护等。

6.3 PCCP管道工程

本标准中PCCP管道工程年度维修养护工作(工程)量参考《北京市南水北调配套工程维修养护与运行管理预算定额》(2015年)确定。

《北京市南水北调配套工程维修养护与运行管理预算定额》(2015年)防腐钢管(TPEP)维修养护费用约为PCCP管道工程维修养护费用的0.7倍,本标准参考使用。其他种类管道工程因尚未进行停水检测,缺少年度维修养护工作(工程)量的实测数据且无类似工程项目可参考,球墨铸铁管(DIP)、玻璃钢夹砂管(FRPM)基本维修养护费用同防腐钢管(TPEP)维修养护费用,即PCCP管道工程预算定额的0.7倍。

本标准中养护土(石)方(每穿越一处交叉建筑物)费用为维修养护土方和石方的综合合计值。

6.4 阀井工程

6.4.1 阀井建筑物

阀井抽水,黄河以南多年平均降雨量充沛、地下水位高,抽水费用按定额标准的1.5倍系数计。

阀井建筑物工程维修养护工作(工程)量依据编制单位现场跟踪调研实测数据,并综合全省配套工程实际维修养护情况拟定。

6.4.2 阀井闸阀设备

阀井闸阀设备维修养护工作(工程)量依据编制单位现场跟踪调研实测数据,并综合全省配套工程实际维修养护情况拟定。

6.5 暗涵(倒虹吸)工程

暗涵(倒虹吸)工程维修养护工作(工程)量依据编制单位调研数据,并综合全省配套工程实际维修养护情况拟定,分不过水和过水两种情况。

6.6 调节塔工程

调节塔工程数量少、基本类似,为便于使用,本标准不再划分等级。

调节塔工程维修养护工作(工程)量,依据编制单位现场调研数据,并综合全省配套工程实际维修养护情况拟定。

6.7 管理设施

管理设施工程,不划分等级。

省级调度中心、黄河南(北)工程维护中心、11个省辖市管理处、县级管理所、黄河南(北)物资仓储中心管理设施维修养护费用包含在《河南省南水北调配套工程运行管理预算定额(试行)》物业管理费中。

房屋按建筑面积计算,管理区场地按实有硬化场地面积计算,围墙、护栏、护网按实有面积计算。

6.8 绿 地

省级调度中心、黄河南(北)工程维护中心、11个省辖市管理处、县级管理所、黄河南(北)物资仓储中心绿地维修养护费用包含在《河南省南水北调配套工程运行管理预算定额（试行）》物业管理费中。

经现场调研,并综合全省配套工程实际维修养护情况,拟定绿地养护标准如下:

1 一级绿地养护标准

（1）草坪修剪后成坪高度在 10 cm 以内,基本平整。

（2）生长良好,生长季节不枯黄,无大于 0.2 m² 集中斑秃,覆盖率达 95%。

（3）草坪每年修剪应不少于 3 次。

（4）草坪、地被每年施肥不少于 2 次。

（5）适时浇灌,无失水萎蔫现象。

（6）对被破坏或其他原因引起死亡的草坪、地被应在 15 日内完成补植,使其保持完整。采用同品种补植,疏密适度,保证补植后 1 个月内覆盖率达 95%。

（7）疏草、杂草清理每年不少于 2 次。

2 二级绿地养护标准

（1）草坪修剪后成坪高度在 10 cm 以内,基本平整。

（2）生长良好,生长季节不枯黄,无大于 0.5 m² 集中斑秃,覆盖率达 90%。

（3）草坪每年修剪应不少于 2 次。

（4）草坪、地被每年施肥不少于 1 次。

（5）适时浇灌,无失水萎蔫现象。

（6）对被破坏或其他原因引起死亡的草坪、地被应在 15 日内完成补植,使其保持完整。采用同品种补植,疏密适度,保证补植后 1 个月内覆盖率达 90%。

（7）疏草、杂草清理每年不少于 1 次。

6.9　水面保洁

水面保洁维修养护,按实有水面保洁面积计算。